BEI GRIN MACHT SICH IHR WISSEN BEZAHLT

- Wir veröffentlichen Ihre Hausarbeit, Bachelor- und Masterarbeit

- Ihr eigenes eBook und Buch - weltweit in allen wichtigen Shops

- Verdienen Sie an jedem Verkauf

Jetzt bei www.GRIN.com hochladen und kostenlos publizieren

Bibliografische Information der Deutschen Nationalbibliothek:

Die Deutsche Bibliothek verzeichnet diese Publikation in der Deutschen Nationalbibliografie; detaillierte bibliografische Daten sind im Internet über http://dnb.d-nb.de/ abrufbar.

Dieses Werk sowie alle darin enthaltenen einzelnen Beiträge und Abbildungen sind urheberrechtlich geschützt. Jede Verwertung, die nicht ausdrücklich vom Urheberrechtsschutz zugelassen ist, bedarf der vorherigen Zustimmung des Verlages. Das gilt insbesondere für Vervielfältigungen, Bearbeitungen, Übersetzungen, Mikroverfilmungen, Auswertungen durch Datenbanken und für die Einspeicherung und Verarbeitung in elektronische Systeme. Alle Rechte, auch die des auszugsweisen Nachdrucks, der fotomechanischen Wiedergabe (einschließlich Mikrokopie) sowie der Auswertung durch Datenbanken oder ähnliche Einrichtungen, vorbehalten.

Impressum:

Copyright © 2004 GRIN Verlag, Open Publishing GmbH
Druck und Bindung: Books on Demand GmbH, Norderstedt Germany
ISBN: 9783640609109

Dieses Buch bei GRIN:

http://www.grin.com/de/e-book/149632/didaktik-mathematik-wuerfel-quader-und-kugel-in-einer-zweiten-klasse

Tanja Hanöffner

Didaktik Mathematik: Würfel, Quader und Kugel in einer zweiten Klasse

GRIN Verlag

GRIN - Your knowledge has value

Der GRIN Verlag publiziert seit 1998 wissenschaftliche Arbeiten von Studenten, Hochschullehrern und anderen Akademikern als eBook und gedrucktes Buch. Die Verlagswebsite www.grin.com ist die ideale Plattform zur Veröffentlichung von Hausarbeiten, Abschlussarbeiten, wissenschaftlichen Aufsätzen, Dissertationen und Fachbüchern.

Besuchen Sie uns im Internet:

http://www.grin.com/

http://www.facebook.com/grincom

http://www.twitter.com/grin_com

Praktikumsbericht im Fach Didaktik Mathematik (Blockpraktikum)

Würfel, Quader und Kugel

Inhaltsverzeichnis

1. Klassensituation 3
   Sitzordnung 4
2. Sachanalyse 5
3. Vorkenntnisse 6
4. Methodische Vorüberlegungen 6
5. Lernziele 7
6. Unterrichtsverlauf (10.03.'04): „Würfel, Quader und Kugel" 8
7. Materialien 9
8. Nachbetrachtung der gehaltenen Stunde 10
9. Sachanalyse- didaktischer Rahmen 10
10. Vorkenntnisse der Schüler 10
11. Methodische Vorüberlegungen 11
12. Lernziele 11
13. Unterrichtsverlauf: „Wir erstellen einen Würfel" 12
14. Materialien 13
15. Nachbetrachtung der gehaltenen Stunde 14
16. Bevorzugt eingesetztes Veranschaulichungsmittel 14
17. Literaturverzeichnis 16
Anhang: Besuchte Stunden 17

1. Klassensituation

Die Klasse 2x der Grundschule x in x besuchen derzeit x Schüler (x Buben und x Mädchen), wovon x Kinder deutsch sind und x ausländische Staatsangehörigkeit besitzen. Diese Klasse wird seit Beginn des 1.Schuljahres von der Lehrerin Fr. Vorname Nachname geleitet und weist einen allgemein guten bis durchschnittlichen Leistungsstand auf, wobei die Schüler nach Bedarf Förderunterricht in den Fächern Deutsch und Mathematik erhalten. Vor allem x Mädchen waren im Fach Mathematik auf regelmäßige Förderung angewiesen. x von ihnen wurde auf Wunsch der Eltern vorzeitig eingeschult. x weist zwar ein enormes Wissen auf und kann dieses auch gut ins Unterrichtsgespräch einbringen, hat jedoch große Schwierigkeiten ihr Wissen ins Schriftliche umzusetzen.

Aufgrund des ruhigen und disziplinierten Verhaltens der meisten Schüler ließen sich Gruppenarbeiten und Stationentraining, sowie das Arbeiten in der Lernwerkstatt mit konkreten Materialien problemlos durchführen. Dabei wird dies durch die Sitzordnung (nächste Seite) entscheidend beeinflusst, da die Schüler in drei Sechsergruppen, einer Fünfergruppe und einer Vierergruppe zusammensitzen. Nur selten muss auf herkömmlich frontale Arbeitsmethoden zurückgegriffen werden. Die meisten Schüler arbeiten sorgfältig, interessiert und aufgeschlossen, was die Zusammenarbeit zwischen den Schülern enorm erleichtert. Nur wenige Kinder reagieren zurückhaltend und desinteressiert und bringen sich dadurch auch nicht ausreichend in das Unterrichtsgeschehen ein.

Desweiteren lässt sich sagen, dass in dieser Klasse keine richtigen Gruppenbildungen vorhanden sind. Mädchen und Buben verstehen sich gleichermaßen. Nur x bereitet es große Schwierigkeiten mit Mädchen zu kooperieren. x hat es noch nicht geschafft, sich voll in die Klassengemeinschaft zu integrieren. Auch zwischen x Mädchen kommt es häufiger zu Disputen, was jedoch erstaunlicherweise keinen Einfluss auf ihre Zusammenarbeit nimmt.

Abschließend kann man feststellen, dass in dieser Klasse ein sehr gutes Verhältnis zwischen den einzelnen Schülern herrscht und das auch Kinder, die eher eine Außenseiterrolle einnehmen, nicht völlig isoliert werden.

Sitzordnung

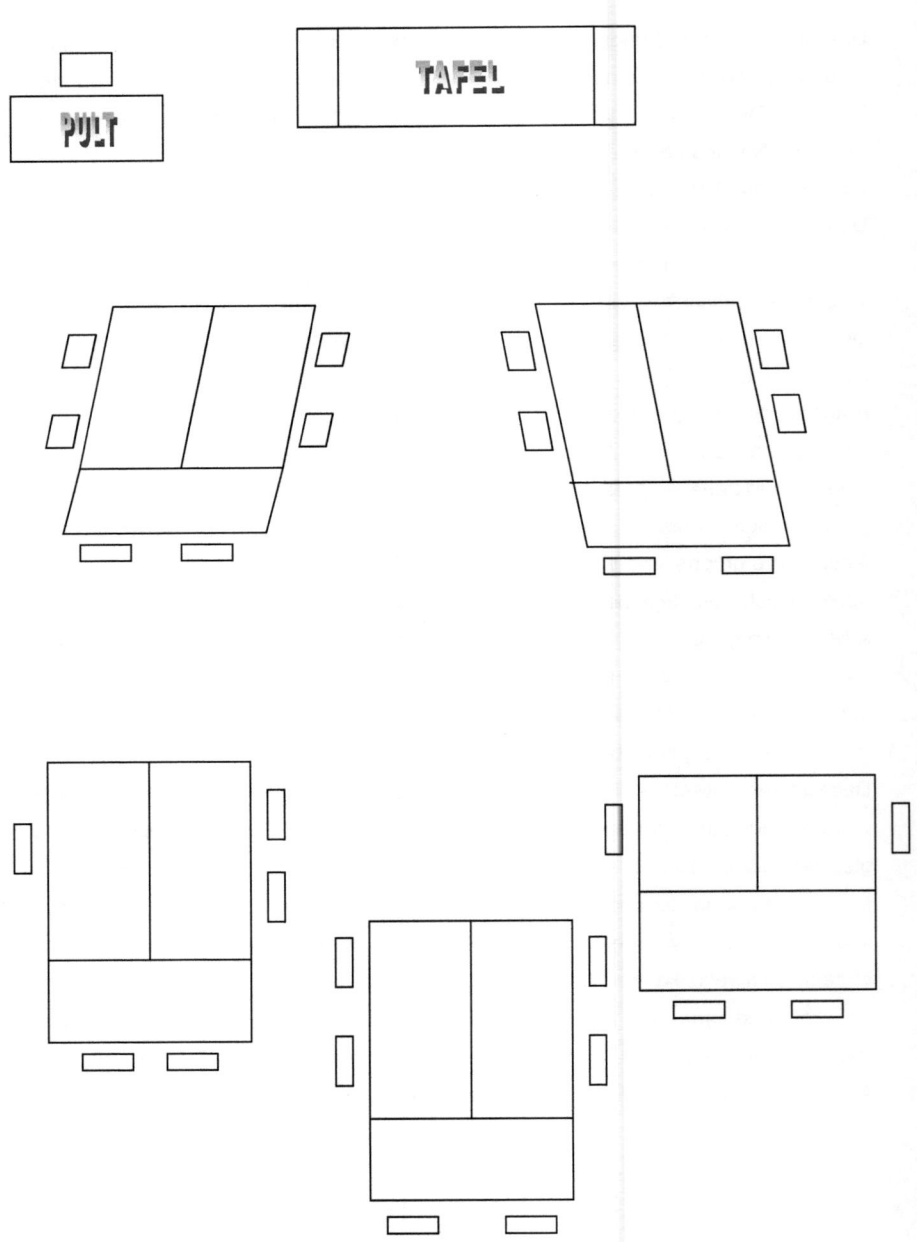

2. Sachanalyse

Geometrie ist ein Teilbereich der Mathematik, der sich mit Ausdehnung, Form und Lage von ebenen und räumlichen Figuren befasst und wird für den Bereich der Grundschule im Großen und Ganzen als das Auseinandersetzen mit dem Raum aufgefasst.

Für Piaget bedeutet Geometrie nicht das Ablesen von Wahrnehmungsqualitäten, sondern das Koordinieren von verinnerlichten Handlungen, deren Niveau von der Reife des Kindes abhängig ist. Dabei werden im geistigen Vorstellungsvermögen erst topologische und danach enklidische Eigenschaften erkannt. Doch da man heute die Erkenntnis gewonnen hat, dass dieser Prozess im Schulkindalter nahezu abgeschlossen ist, wird in der Schule die Topologie weitgehend vernachlässigt. Anders ist dies dagegen bei der Umwelterschließung und dem Fördern allgemeiner Lernziele. Wichtig an diesen übergeordneten Zielen ist also die Möglichkeit, mit ihnen fächerübergreifend zu arbeiten, vor allem in Bezug auf die eben genannten Themen – Umwelterziehung zu leisten und fachbezogene Lernziele zu unterstützen. Die Aufgabe des Geometrieunterrichts ist deshalb insbesondere dafür geeignet, um den Schülern Raumerfahrungen machen zu lassen, räumliche Formen und Beziehungen zu entdecken, sie zu ordnen und ihnen Struktur zu verleihen. Ein wesentlicher Bestandteil des Unterrichts ist deshalb auch das Reflektieren solcher Tätigkeiten. In der Umwelt und in vielen Alltagssituationen häuft sich geradezu das Vorkommen geometrischer Formen, sei es in der Natur, der Architektur, der Kunst oder der Technik. Dem Geometrieunterricht kommt somit nicht nur in der Grundschule eine herausragende Bedeutung zu, sondern er besitzt auch und vor allem auf weiterführenden Schulen eine enorme Priorität. Das wichtigste Ziel des Geometrieunterrichts ist nicht das sture Lernen von Begriffen, sondern das Erlernen von bestimmten Verfahren, von Einstellungen und Haltungen und das Ausbauen der Interessen.

In der zweiten Klasse sollen die Schüler daher auf ihre bereits erworbenen Kenntnisse aufbauen und bei Beschreibungen relativer Lagebeziehungen von Objekten und Personen im Raum auch gedanklich wechselnde Perspektiven einnehmen können. Es soll ihnen dabei gelingen, sich Wege im Raum vorzustellen.

Desweiteren sollen sie Teile geometrischer Körper benennen und diese aufgrund ihrer Gemeinsamkeiten und Unterschiede zuordnen können, wobei sie ihre bereits

erworbenen Kenntnisse über Flächenformen anwenden. Deswegen sollen in den drei Unterrichtseinheiten folgende Ziele angestrebt werden (laut aktuellem Lehrplan):
- Mit Flächenformen handeln
- Körperformen in Umwelt entdecken
- Mit Körpermodellen handeln

3. Vorkenntnisse

Die Schülerinnen und Schüler sind bereits in der ersten Klasse mit geometrischen Lernbereichen vertraut gemacht worden. Diese haben sich aber darauf beschränkt Lagebeziehungen wie rechts, links, oben, unten richtig zu erfassen und einfache Flächenformen wie Dreieck, Viereck, Rechteck, Quadrat und Kreis zu erkennen.

4. Methodische Vorüberlegungen

In der folgenden Stunde sollen die Kinder, aufbauend auf ihren jetzigen Wissenstand, die räumliche Geometrie erfahren. Dabei werden zuerst konkrete Materialien verwendet (Würfel, Quader, Bälle), damit die Kinder sich diese Gegenstände leichter einprägen. Die Schüler stellen beim Betrachten der Körper fest, dass es zwischen diesen drei geometrischen Figuren viele Gemeinsamkeiten und Unterschiede gibt. Sie erkennen, dass der Quader und der Würfel jeweils 8 Ecken, 12 Kanten und 6 Flächen besitzen und die Kugel eine runde Oberfläche hat. Damit die Kinder ein räumliches Vorstellungsvermögen entwickeln, kommen zu den vorhandenen Körpern nun Blockblätter in verschiedenen Formen und Größen hinzu. Dadurch wird jedem der Unterschied zwischen den Körpern und einer einfachen Fläche wie Kreis, Rechteck und Quadrat klar. Nach dem Betrachten und dem Herausarbeiten der Gemeinsamkeiten und Unterschiede erhalten die Schüler ein Arbeitsblatt, auf welchem sie in Einzelarbeit die geometrischen Gebilde in zwei verschiedenen Übungen richtig zuordnen sollen. Im Anschluss daran werden die Übungen zusammen auf Folie verbessert und besprochen. Um den Schülern einen Praxisbezug ermöglichen zu können, sollen sie nun aus verschiedenen Bausteinen selbst Quader und Würfel formen und erklären können, warum das, was sie gebaut haben nun ein Würfel oder Quader ist. Dadurch wird ihnen der räumliche Aspekt noch deutlicher gemacht und die Unterschiede sind deshalb für jeden ersichtlich. Zum Abschluss sollen sich die Kinder im Klassenzimmer umschauen, wo sie denn solche geometrischen Körper entdecken. Am meisten Schwierigkeiten bereitet den

Schülern der Übergang zum dreidimensionalen Denken. Alternativ wäre es möglich, erst eine Wiederholungsstunde in Bezug auf die bereits erlernten Flächenformen durchzuführen, um so eventuell vorhandene Schwierigkeiten zu beheben.

5. Lernziele

Grobziel: - Untersuchen der Körper : Würfel, Quader und Kugel

Feinziele: - Erkennen der unterschiedlichen Merkmale von Quader, Würfel und Kugel
- Lernen der Begriffe Ecke, Kante, Fläche
- Praxisbezug: Körper im alltäglichem Leben
- Erfassen des Raumes (dreidimensionales / räumliches Denken)
- Einordnen der Gegenstände in verschiedene Kategorien

6. Unterrichtsverlauf (10.03.'04): „Würfel, Quader und Kugel"

Zeit	Artikulation/ Sozialform	Lehrer-Schüler-Aktivitäten	Medien
	Einstieg Unterrichtsgespräch Unterscheiden von Körpern	Auf dem Boden befinden sich verschiedene Gegenstände, die SS bilden einen Sitzkreis und äußern sich dazu (Das ist ein Würfel,...)	Verschieden große Würfel, Quader und Kugeln
	Hinführung Unterrichtsgespräch	Jetzt liegen zusätzliche Gegenstände auf dem Boden (verschieden große Blockblätter, ausgeschnittener Kreis) SS sollen Unterschied zu vorherigen Gebilden herausfinden ⇒ Dreidimensionalität erkennen	Blockblätter in verschiedenen Größen
	Zielangabe Einzelarbeit	Auf dem Arbeitsblatt sind verschiedene Körper abgebildet. SS lösen Aufgaben	Arbeitsblatt
	Ergebniskontrolle	Ergebnisse werden verglichen, SS verbessern auf Folie	Folie mit Aufgaben
	Erarbeitung Einzelarbeit	Schüler sollen nun selbst versuchen, aus verschiedenen Bausteinen Würfel und Quader zu fertigen	Bausteine
	Sicherung Unterrichtsgespräch	Kinder sollen sich im Klassenzimmer umsehen und Gegenstände finden, die das Aussehen eines Würfels, Quaders oder einer Kugel haben	Gegenstände im Klassenzimmer (Bsp. Tafel, Schachteln, Bälle ...)

7. Materialien

Körper und Formen:

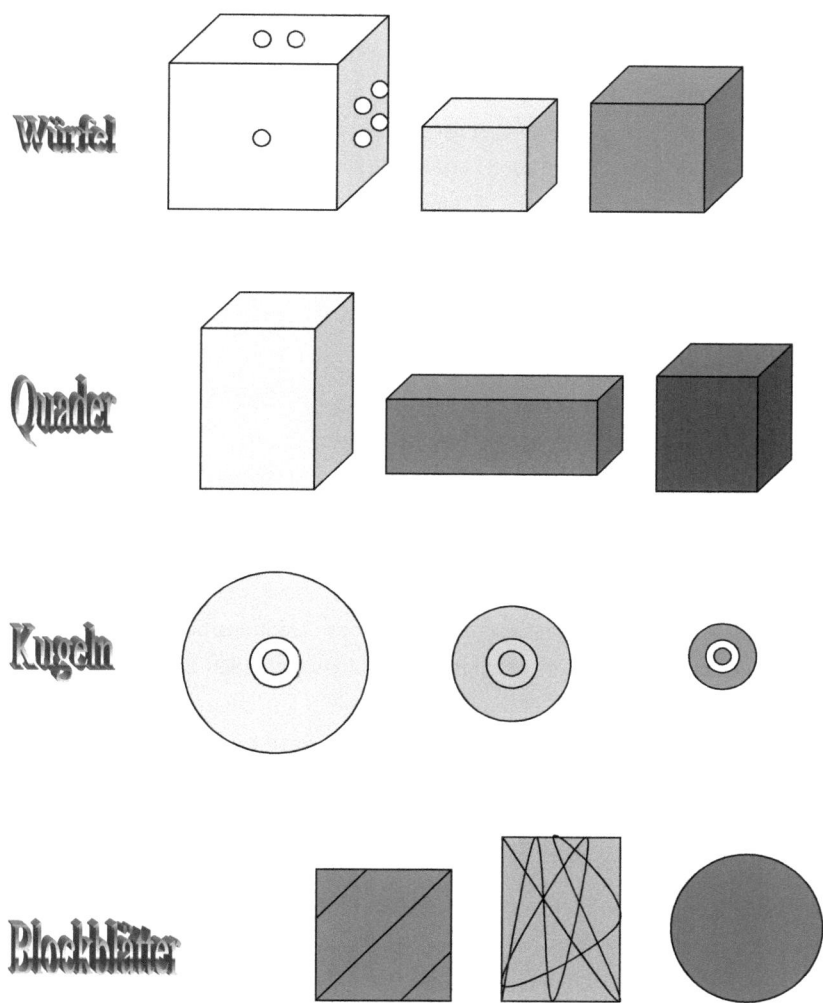

8. Nachbetrachtung der gehaltenen Stunde

Rückblickend lässt sich sagen, dass alle Kinder in dieser Stunde interessiert mitgearbeitet haben und auch ansonsten schwächere Schüler sich intensiv am Unterrichtsgeschehen beteiligt haben.
Schwierigkeiten kamen vor allem beim Übergang zum räumlichen Denken zustande, da es den ohnehin etwas schlechteren Mathematikern schwer gefallen ist, sich von der Fläche zu lösen.
Bei ihnen ergaben sich auch in Bezug auf die Bezeichnungen wie Rechteck, Quadrat, Kreis, Quader, Kugel und Würfel Probleme, da sie diese synonym gebrauchten (z.B. Quadrat anstelle Würfel, Kreis statt Kugel). Die Mehrheit der Schüler kam aber aufgrund der verwendeten konkreten Materialien gut mit der neuen Thematik zurecht und auch bei den schwächeren Schülern zeigten sich nach dem praktischen Umgang mit den geometrischen Körpern Erfolge.

9. Sachanalyse- didaktischer Rahmen

In diesem Teilbereich der räumlichen Geometrie wird zuerst auf die allgemeinen Merkmale von Würfel, Quader und Kugel eingegangen. Danach wird insbesondere auf die Eigenschaften des Würfels geachtet. Nachdem man festgestellt hat, dass die Seiten eines Würfels immer die gleiche Länge besitzen müssen, kann man sich umgehend den Seitenflächen zuwenden. Hierbei stellt man fest, dass alle Seitenflächen deckungsgleich sind und die Form eines Quadrates besitzen.
Sobald man zu dieser Erkenntnis gelangt ist, kann man sich auch mit dem Netz des Würfels genau befassen. Der Schwerpunkt liegt dabei vor allem auf der richtigen Anordnung der Quadrate, da bei dem willkürlichen Zusammensetzen kein Würfel entstehen kann.

10. Vorkenntnisse der Schüler

In den Vorstunden wurden bereits die wichtigsten Merkmale der drei geometrischen Körper Quader, Würfel und Kugel angesprochen. Deshalb wissen die Schüler schon, welche Unterschiede und Gemeinsamkeiten bei diesen Gebilden vorliegen. Das sowohl der Quader, als auch der Würfel acht Ecken, zwölf Kanten und sechs Flächen besitzen, welche dadurch divergieren, dass die des Würfels quadratisch und die des Quaders rechteckig sind. Im Gegensatz dazu besitzt die Kugel keinerlei Ecken oder Kanten, sondern weist eine runde Oberfläche auf.

11. Methodische Vorüberlegungen

In dieser Stunde sollen die Schüler sich nicht mehr so sehr mit den Eigenschaften der geometrischen Figuren befassen, sondern sich dem Aufbau des Würfels zuwenden. Nach einer knappen Wiederholung der wichtigsten Merkmale von Quader, Würfel und Kugel und dem Erstellen eines Merksatzes erhalten drei Gruppen Bausteine, aus denen sie einen Würfel zusammenstellen sollen. Dies funktioniert jedoch nur bei einer Gruppe, da die beiden anderen jeweils einen Baustein haben, der nicht die richtige Länge besitzt. Man könnte das Ganze auch theoretisch mit den Kindern besprechen, aber dadurch, dass in der Vorstunde bei einigen Schülern Schwierigkeiten im dreidimensionalem Denken aufgetreten sind, scheint die enaktive Ebene hierfür am besten geeignet zu sein. Die Schüler lernen dabei sich praktisch mit der Problematik auseinanderzusetzen.

Anschließend müssen sie begründen, weshalb es ihnen gelungen ist, aus den vorhandenen Bausteinen einen Würfel zu bauen, oder warum dieses Vorhaben gescheitert ist. Die zwei anderen Gruppen erhalten jeweils fertige Würfel, die sie so auseinander bauen sollen, dass man damit später wieder in der Lage ist einen Würfel zu bauen.

Jetzt sollen die Schüler zusammen mit ihrem Banknachbarn versuchen, auf dem Rechenblock das Netz eines Würfels zu erstellen. Nachdem alle fertig sind, werden verschiedene Netze an der Tafel aufgezeichnet und überprüft, ob die Anfertigungen richtig sind.

Zum Stundenabschluss erhält nun jeder ein fertiges Würfelnetz, aus welchem ein Würfel erstellt werden soll.

12. Lernziele

Grobziel: - Erstellen eines Würfelnetzes

Feinziele: - Erkenntnis, dass beim Würfel alle Seiten gleich lang sein müssen
- Alle Flächen sind gleich groß
- Man benötigt sechs gleich große, quadratische Flächen

- Um das Netz eines Würfels erstellen zu können, benötigt man eine bestimmte Anordnung der Flächen

13. Unterrichtsverlauf: „Wir erstellen einen Würfel"

Zeit	Artikulation/ Sozialform	Lehrer-Schüler-Aktivitäten	Medien
	Einstieg Unterrichtsgespräch Hinführung Unterrichtsgespräch/ Gruppenarbeit	Kurze Wiederholung der Eigenschaften von Quader, Würfel und Kugel	Würfel, Quader, Kugel
	Zielangabe Erarbeitung Partnerarbeit/ Unterrichtsgespräch	Jede Gruppe erhält unterschiedliche Bausteine, bzw. zwei einen fertigen Würfel Die drei Gruppen mit Bausteinen müssen herausfinden, ob sie einen Würfel mit diesen Bausteinen bauen können oder nicht und dies begründen	Bausteine, Würfel
		Überschrift an Tafel: „Wir bauen einen Würfel"	Tafel
	Sicherung Einzelarbeit	Die Schüler sollen mit ihrem Banknachbarn zusammen versuchen, das Netz eines Würfels zu erstellen Danach werden die erstellten Netze miteinander verglichen	Rechenblock Tafel
		Alle erhalten ein fertiges Würfelnetz und dürfen einen Würfel basteln	Arbeitsblatt

14. Materialien

Tafelbild

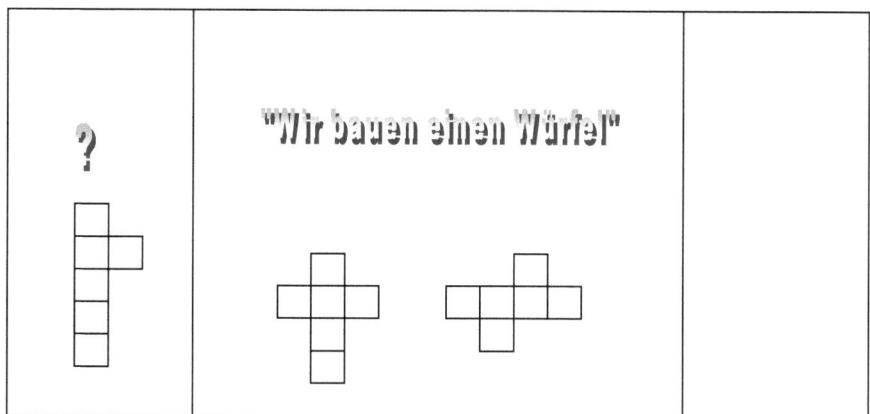

Fertige Würfel

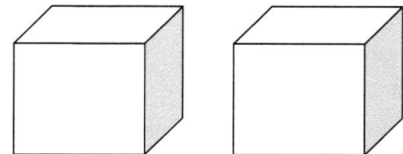

Bauplatten

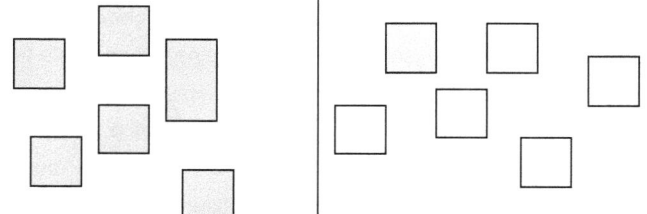

15. Nachbetrachtung der gehaltenen Stunde

Reflektiert man nun den Ablauf dieser Unterrichtseinheit, kann man feststellen, dass sowohl alle leistungsstarken, als auch leistungsschwachen Schüler gleichermaßen gut mitgearbeitet haben, was wahrscheinlich auch daran legt, dass schon gewisse Vorkenntnisse durch die bisher gehaltenen Stunden zu dieser Thematik vorhanden waren. Deshalb konnten sich auch die ansonsten etwas schwächeren Schüler ein entsprechendes Grundwissen aneignen.

Problematisch war in seltenen Fällen das Erstellen eines entsprechenden Würfelnetzes, weil einige der Meinung waren, dass die Anordnung der Quadrate nicht von Bedeutung sei, was keinesfalls stimmt.

16. Bevorzugt eingesetztes Veranschaulichungsmittel

In dieser Altersstufe ist handelnder Umgang mit Material dringend erforderlich. Der Weg vom konkreten Umgang mit Materialien (enaktiv) über die zeichnerische (ikonischen) Ebene hin zur abstrakten (symbolischen) Begriffsbildung ist deshalb unabdingbar.

Der Zahlenstrahl ist in dieser Klasse das am häufigsten eingesetzte Veranschaulichungsmittel, da sich die Schüler zur Zeit vorrangig mit dem Erlernen der Einmaleins-Reihen beschäftigen. Dabei können die Kinder aus dem Umgang mit dem Zahlenstrahl viele wichtige Erkenntnisse gewinnen.

Sie erfahren beispielsweise - in Bezug auf Einmaleins-Reihen -, dass sie eine bestimmte Anzahl an Sprüngen absolvieren müssen, um einen gewissen Punkt auf dem Zahlenstrahl zu erreichen. Außerdem erfahren sie, dass die Zahlen umso größer werden je weiter sie sich nach rechts bewegen. Sobald man sich nach links begibt, verhält sich dies genau konträr.

Vorteilhaft ist auch, dass man die Werte die man erhält leicht ablesen kann. Vor allem bei Verdopplungs- und Halbierungsaufgaben stellt es eine enorme Hilfe für die Schüler dar. In dieser Klasse werden immer drei Einmaleins-Reihen gleichzeitig eingeführt und der Zahlenstrahl passend zu jeder Einmaleins-Reihe an der Tafel aufgeführt. Diese Einmaleins-Reihen sind mit Tieren verbunden, die auf dem Zahlenstrahl je nachdem welches Einmaleins gerade durchgenommen wird beliebig weit springen, jedoch als maximalen Wert ihre Sprungzahl x10 erhalten können.
(Blatt zu Zahlenstrahl auf nächster Seite)

Dadurch können die Kinder Übereinstimmungen und Abweichungen bei manchen Sprüngen besser nachvollziehen und Aufgaben leichter lösen. Vor allem für Kinder, die nicht so gut im Kopfrechnen sind, ist der Zahlenstrahl eine riesige Entlastung. Dennoch ist er auch für die besseren Rechner von großem Nutzen, da sie so ihre Ergebnisse selbstständig überprüfen können.

17. Literaturverzeichnis

- Radatz, Schipper, Dröge & Ebeling (2000) Handbuch für den Mathematikunterricht Hannover Schroedel Verlag

- Amtlicher Lehrplan für die Grundschule in Bayern, München 2000

- Maras, R. (Hrsg.) Handbuch für die Unterrichtsgestaltung in der Grundschule, Auer Verlag in Donauwörth, 2003

http://www.ak-erstrechnen.de/Lehrplan/zahlenundrechnen1/1zahlen/HTMLSeiten/20Zah

http://www.learn-linenrw.de/angebote/neuemedien/medio/softuebl/grundschule/ggs04

Anhang

Besuchte Stunden am

Stunde	Fach	Thema	Lehrer	Eigene Tätigkeiten
8.00 - 8.45	Deutsch (2b)	• Kinder erzählen von Frühjahrsferien; • Üben des Grundwortschatzes auf Arbeitsblatt		• Beobachtung des Unterrichtsgeschehens
8.45 - 9.30	Kunst/ Musik (2b)	• Einführen des Stühlesongs; Kinder gehen um Stuhl herum, setzen sich drauf, stehen wieder auf...		• Beobachtung des Unterrichtsgeschehens
9.55 - 10.40	Mathe (2b)	**Malaufgaben lösen** • Kindern wird Schaumstoffwürfel zugeworfen ⇒ Zahl auf Würfel x 2		• Beobachtung des Unterrichtsgeschehens
10.40 - 11.25	Mathe (2b)	Malaufgaben im Schulhaus mit Partner suchen (Fenster, Türen, Bilder...) auf Block • Hundertertafel an Projektor ⇒ Kinder stellen Aufgaben		• Beobachtung des Unterrichtsgeschehens
11.30 - 12.15	HSU (4a)	Verkehrserziehung: Rechts vor links		• Beobachtung des Unterrichtsgeschehens • Hilfe bei Fragebögen

Besuchte Stunden am

Stunde	Fach	Thema	Lehrer	Eigene Tätigkeiten
8.00 - 8.45	Deutsch (2b)	**Gedicht: AEIOU** • Wiederholung der Selbstlaute		• Beobachtung des Unterrichtsgeschehens
8.45 - 9.30	Mathe (2b)	<u>Malaufgaben mit dem Malwinkel lösen</u> • Im Buch und auf AB erst gemeinsam an der Tafel, dann alleine		• Beobachtung des Unterrichtsgeschehens
9.55 - 10.40	Deutsch (2b)	<u>Schülerbücherei:</u> • Jedes Kind muss sich mind. ein Buch aussuchen und es lesen		• Beobachtung des Unterrichtsgeschehens • Unterstützung beim Vorlesen
10.40 - 11.25	Kunst/ Musik (2b)	<u>Meditation:</u> • Wasserrauschen; Kinder erzählen, was sie geträumt haben ⇒ noch mal träumen ⇒ Traum malen		• Beobachtung des Unterrichtsgeschehens

Besuchte Stunden am

Stunde	Fach	Thema	Lehrer	Eigene Tätigkeiten
8.00 - 8.45	Deutsch (2b)	• <u>Gedicht: AEIOU</u> aufsagen • <u>Sachtext</u>: „Wer ist der beste Springer?"		• Beobachtung des Unterrichtsgeschehens
8.45 - 9.30	Mathe (2b)	<u>„Wer ist der beste Springer?"</u> ⇒ Einführung in den Einmaleinsplan • AB lesen • Lieblingstier aussuchen		• Beobachtung des Unterrichtsgeschehens
9.55 - 10.40	Deutsch (3b)	**<u>Doppelte Mitlaute</u>** • Stationentraining		• Beobachtung des Unterrichtsgeschehens
10.40 - 11.25	Mathe (3b)	**<u>Lernwerkstatt</u>** (üben am Computer) • Blitzrechnen • Zahlenmauern		• Beobachtung des Unterrichtsgeschehens
11.30 -12.15	Sport (2b mit 3.Klasse zusammen)	<u>Schwimmen:</u> (Vorbereitung für Bundesjugend-spiele)		• Beobachtung des Unterrichtsgeschehens
12.15 -13.00	Sport (2b mit 3.Klasse zusammen)	• Tauchen • Springen		• Beobachtung des Unterrichtsgeschehens

Besuchte Stunden am

Stunde	Fach	Thema	Lehrer	Eigene Tätigkeiten
8.00 - 8.45	HSU (2b)	**Wasserlabor:** 9 Stationen zum Thema Wasser • Münzen ins Wasserglas werfen • Unterschiedliche Wassersorten trinken (still, Sprudel, kalt, warm) • Wasser mischen (Erde, Seife, Öl, Zucker, Tinte) • Versuch mit Wachsmalkreiden		• Beobachtung des Unterrichtsgeschehens • Unterstützung bei verschiedenen Stationen
8.45 - 9.30	HSU (2b)	• Schnellboote (Wasser in Schale, auf der Wasseroberfläche befindet sich ein Plastikstück, Spüle dahinter tropfen ⇒ Boot fährt • Pfeffer im Wasser Spülmittel auf Finger geben ⇒ Was passiert mit dem Pfeffer? • Wasserfarben • Versuch mit Schwämmen • Welche Dinge gehen unter, welche nicht?		• Beobachtung des Unterrichtsgeschehens • Unterstützung bei verschiedenen Stationen
9.55 - 10.40	Mathe (2b)	Wiederholen der Tiere: • Kinder erzählen von Tieren und der Konferenz (x 10; x5; x2) • Bewegungspause: Stühlesong		• Beobachtung des Unterrichtsgeschehens
10.40 - 11.25	Deutsch (2b)	**Gedicht: AEIOU** • Kinder sagen an Tafel je eine Strophe auf ⇒ aus Selbstlaut wird Umlaut		• Beobachtung des Unterrichtsgeschehens
11.30 -12.15	Sport (2b)	• Bewegungen zum **Stühlesong** (Sportstunde findet im Klassenzimmer statt)		• Beobachtung des Unterrichtsgeschehens

Besuchte Stunden am

Stunde	Fach	Thema	Lehrer	Eigene Tätigkeiten
8.00 - 8.45	Deutsch (3b)	**Rechtschreibübungen** zum doppeltem Mitlaut; • Stationentraining		• Beobachtung des Unterrichtsgeschehens • Hilfe bei Bearbeitung der Aufgaben
8.45 - 9.30	Mathe (3d)	Förderunterricht: • Radtour: AB zu Strecken ⇒ Entfernungen ausrechnen		• Beobachtung des Unterrichtsgeschehens • Hilfe bei Problemen mit der Aufgabenstellung
9.55 - 10.40	Mathe (2b)	Fortsetzung Mathe-Tiere : • Halbieren, Verdoppeln • Freies Rechnen: Mathe-Professor (= Taschenrechner) oder Arbeitsheft		• Beobachtung des Unterrichtsgeschehens
10.40 - 11.25	Deutsch (2b)	**Gedicht: AEIOU** • Erst einzelne Schüler, dann jede Gruppe; • Bewegungspause: Stühlesong • Geschichte: Wassermann • Diddl werden verteilt (5 Diddl→1 Bär→ 3 Bären → 1HA-Gutschein)		• Beobachtung des Unterrichtsgeschehens

Besuchte Stunden am

Stunde	Fach	Thema	Lehrer	Eigene Tätigkeiten
8.00 - 8.45	Mathe (2b)	**Mathe-Tiere** (x3; x6; x9) • Aufgaben aus Buch • Schüler dürfen selber Aufgaben stellen		• Beobachtung des Unterrichtsgeschehens
8.45 - 9.30	Deutsch (2b)	<u>Lesen</u>: • Dinge, die gezeichnet sind ergänzen: Mann → Männchen Haus → Häuschen ...		• Beobachtung des Unterrichtsgeschehens
9.55 - 10.40	HSU (2b)	<u>Wasser</u>: • Bild mit Kindern im Wasser, auf dem Steg... auf Projektor ; ⇒ Schüler bilden Sätze dazu; • Arbeitsblatt (wenn es regnet...)		• Beobachtung des Unterrichtsgeschehens • Hilfe bei Problemen mit der Aufgabenstellung
10.40 - 11.25	Musik (2b)	<u>Vogelhochzeit</u>: • Erst Anhören der Melodie • Arbeitsblatt ⇒ unvollständige Reime ergänzen • selbst Strophe ausdenken • Geschichte vom Wassermann		• Beobachtung des Unterrichtsgeschehens
11.30 -12.15	HSU (4a)	<u>Verkehrserziehung:</u> Vorfahrtsregelung		• Beobachtung des Unterrichtsgeschehens • Hilfe beim Lösen der Fragen

Besuchte Stunden am

Stunde	Fach	Thema	Lehrer	Eigene Tätigkeiten
8.00 - 8.45	HSU (2b)	• Vortrag und Film zum Thema: „Wasser sparen"		• Beobachtung des Unterrichtsgeschehens
8.45 - 9.30	Deutsch (2b)	Bücherei: • Neue Bücher auswählen, gelesene zurückgeben; • Freies Lesen		• Beobachtung des Unterrichtsgeschehens • Unterstützung beim Vorlesen
9.55 - 10.40	Mathe (2b)	Wiederholen der Mathe-Tiere • Rechenspiel (alle stehen auf, derjenige, der Ergebnis gewusst hat, darf sich hinsetzen)		• Beobachtung des Unterrichtsgeschehens
10.40 - 11.25	Deutsch (2b)	Schleichdiktat: • Vier verschiedene Geschichten zur Auswahl auf gelben Karten im Klassenzimmer verteilt ⇒ eine Geschichte aussuchen und schreiben • Partner zum Korrigieren suchen		• Beobachtung des Unterrichtsgeschehens
11.30 -12.15	Kunst (2b)	• Alle Kinder stellen sich mit aufgespannten Regenschirmen vor die Tafel → Knallfarben eignen sich besonders gut bei Regenwetter ⇒ AB mit verschieden großen Schirmen farbig anmalen		• Beobachtung des Unterrichtsgeschehens

Besuchte Stunden am

Stunde	Fach	Thema	Lehrer	Eigene Tätigkeiten
8.00 - 8.45	Mathe (2b)	Geometrie: • Unterschiede und Gemeinsamkeiten zwischen Quader, Würfel und Kugel • Grundlegende Eigenschaften (rund, eckig,...)		• Unterrichten
8.45 - 9.30	Deutsch (2b)	Lernwörterdiktat (Spagetti, Computer, Füller, Pommes, Thermometer, Salz, Klasse, Lexikon, Papier, Pizza, müssen, bringen) Einschub: • Mathe-Hausaufgabe verbessern		• Beobachtung des Unterrichtsgeschehens
9.55 - 10.40	Deutsch (3b)	Sprachbetrachtungs-Probe (Thema: Doppelte Mitlaute)		• Beobachtung des Unterrichtsgeschehens
10.40 - 11.25	Mathe (3b)	• Autorennen • Aufgaben mit Platzhalter (Bsp. 4 x 14 = 8 x _)		• Beobachtung des Unterrichtsgeschehens • Hilfe bei Problemen mit der Aufgabenstellung
11.30 -12.15	Sport (2b)	• Fangen, Versteinert • Parcours: · Wippe · Hocke über Bank · Bälle am Boden gegen Wand werfen		• Beobachtung des Unterrichtsgeschehens
12.15 – 13.00	Sport (2b)	· Tunnel aus Matten und Kästen ⇒ auf Skateboard bis zum anderen Ende fahren · 3 Kästen (2 kleine am Anfang und am Ende, 1 großer in der Mitte) ⇒ über Kästen klettern • Zaubergarten		• Hilfestellung bei verschiedenen Stationen

Besuchte Stunden am

Stunde	Fach	Thema	Lehrer	Eigene Tätigkeiten
8.00 - 8.45	Mathe (2b)	Fortsetzung Geometrie: • Stationentraining (Bauen von Quadern und Würfeln mit verschiedenen Materialien, Erkennen von Formen)		• Unterrichten
8.45 - 9.30	Deutsch (2b)	Bildergeschichte: • Jede Gruppe erhält ein Bild zu dem sie einen Satz schreiben muss • Bilder werden an Tafel in richtige Reihenfolge gebracht und passende Sätze dazu gesagt • Geschichte wird vorgelesen und von Kindern korrigiert		• Beobachtung des Unterrichtsgeschehens
9.55 - 10.40	HSU (2b)	Versuche: Was schwimmt, was sinkt? ⇒ Kinder nehmen verschiedene Gegenstände aus Klassenzimmer und notieren Ergebnisse tabellarisch auf Blockblatt		• Beobachtung des Unterrichtsgeschehens • Hilfe bei den Versuchen / Erklärungen

Besuchte Stunden am

Stunde	Fach	Thema	Lehrer	Eigene Tätigkeiten
8.00 - 8.45	Deutsch (3b)	Wortbausteine (Vorsilben): • Welche Silben passen zu welchem Wort? ⇒ Übungen im Arbeitsheft		• Beobachtung des Unterrichtsgeschehens • Beheben von Schwierigkeiten
8.45 - 9.30	Mathe (3d)	Schriftliche Addition • Aufgaben mit Platzhalter auf Arbeitsblatt und in Mathebuch		• Beobachtung des Unterrichtsgeschehens • Unterstützung bei Unklarheiten
9.55 - 10.40	Deutsch (2b)	Fortsetzung Bildergeschichte: • Schreiben der Geschichte „Der kleine Herr Jakob im Regen"		• Beobachtung des Unterrichtsgeschehens • Hilfe bei orthographischen Problemen
10.40 - 11.25	Mathe (2b)	Abschluss Geometrie: • Kurze Wiederholung der wichtigen Merkmale • Netz eines Würfels • Basteln eines Würfels		• Unterrichten
		• Diddl werden verteilt		
11.30 -12.15	HSU (4a)	Verkehrserziehung: • Vorfahrtsregelung durch Ampel, Verkehrszeichen, Polizei		• Beobachtung des Unterrichtsgeschehens

Besuchte Stunden am

Stunde	Fach	Thema	Lehrer	Eigene Tätigkeiten
8.00 - 8.45	Mathe (2b)	Mathe-Tiere Abschluss: (x4, x7, x8) • Halbieren, Verdoppeln • Aufgaben gegenseitig stellen • Aufgaben aus Buch		• Unterrichten
8.45 - 9.30	Deutsch (2b)	**Selbstlaut → Umlaute** • Karten an Schüler verteilt ⇒ Partner finden • Verschiedene Stationen mit Aufgaben ⇒ So viele wie möglich bearbeiten (ins Heft schreiben)		• Beobachtung des Unterrichtsgeschehens
9.55 – 10.40	HSU (2b)	• „Für was benötigen wir Wasser und wieviel?" • „Wie können wir Wasser sparen?"		• Beobachtung des Unterrichtsgeschehens
10.40 - 11.25	Musik (2b)	• Spiel (2 verschiedene Melodien) ⇒ bei erster Ball weiterreichen, bei zweiter mit Partner tanzen • Unterschiedliche Tiere ausdenken ⇒ Gangart nachahmen • 4 Mathe-Tiere haben sich im Raum versteckt ⇒ Tiernamen im Takt klatschen		• Beobachtung des Unterrichtsgeschehens • Beteiligung am Spiel
11.30 -12.15	HSU (4a)	**Verkehrserziehung:** • Abknickende Vorfahrtsstrasse		• Beobachtung des Unterrichtsgeschehens • Hilfe beim Lösen der Fragen

Besuchte Stunden am

Stunde	Fach	Thema	Lehrer	Eigene Tätigkeiten
8.00 - 8.45	Deutsch (2b)	Lernzielkontrolle: • Selbstlaute • Mitlaute • Tunwörter		• Beobachtung der Arbeitsweise der Schüler
8.45 - 9.30	Mathe (2b)	• Wiederholen der Einmaleins-Reihen • Aufgaben im Buch erst gemeinsam, dann jeder allein		• Unterrichten
9.55 - 10.40	HSU (2b)	• Film über Wasser: „Wasser hat verschiedene Gesichter" (mit Peter Lustig) • Bücherei: Neue Bücher aussuchen		• Beobachtung des Unterrichtsgeschehens • Unterstützung beim Vorlesen
10.40 - 11.25	HSU (2b)	• Spaziergang englischer Garten ⇒ Finden und Erkennen von Frühlingsblumen		• Begleitung beim Spaziergang

Besuchte Stunden am

Stunde	Fach	Thema	Lehrer	Eigene Tätigkeiten
8.00 - 8.45	Mathe (2b)	**Rechnen mit Geld** • 3 Kinder spielen Restaurant, andere korrigieren Verhalten • Jede Gruppe spielt (einer Kellner, andere Gäste) • Immer zwei zusammen haben Speisekarte, dürfen aber nicht mehr als jeweils 20€ verbrauchen		• Beobachtung des Unterrichtsgeschehens
8.45 - 9.30	Deutsch (2b)	• Geschichtenkonferenz „Der kleine Herr Jakob im Regen" • Geschichten mit Verwendung vieler Wiewörter noch mal schreiben ⇒ Partner korrigiert		• Beobachtung des Unterrichtsgeschehens
9.55 - 10.40	Ethik (alle Schüler aus der 2. und 3.Klasse)	**Thema: Angst** • Bild auf Folie von Jungen, der Angst davor hat, vom Sprungbrett ins Wasser zu springen • Geschichte auf AB lesen ⇒ Bild zur Geschichte malen		• Beobachtung des Unterrichtsgeschehens
10.40 - 11.25	Ethik (alle Schüler aus der 2. und 3.Klasse)	• „In welchen Situationen hast du Angst?" • Meditation („Versetz dich in die Situation des Jungen")		• Beobachtung des Unterrichtsgeschehens

Besuchte Stunden am

Stunde	Fach	Thema	Lehrer	Eigene Tätigkeiten
8.00 - 8.45	Deutsch (2b)	• Leseprobe: „Die Rosenprinzessin" • Stühlesong • Geschichte vom Wassermann		• Beobachtung des Unterrichtsgeschehens
8.45 - 9.30	Mathe (2b)	• Rechenspiel (wer Ergebnis richtig hat, darf einen Schritt vorgehen) • Aufgaben an Tafel (Tauschaufgaben dazu finden) • Quadrataufgaben • Hundertertafel auf Projektor (Quadratzahlen finden) • Arbeitsblatt bearbeiten		• Beobachtung des Unterrichtsgeschehens • Hilfe bei Unklarheiten (AB)
9.55 - 10.40	HSU (2b)	• Jede Gruppe erhält Artikel über Wasser ⇒ erzählen anderen, worum es geht • Zustandsformen des Wassers		• Beobachtung des Unterrichtsgeschehens • Erklären komplizierterer Sachverhalte
10.40 - 11.25	Kunst (2b)	• Hintergrund für das Regenschirmbild (mit feuchten Schwämmen schlammige oder erdige Farbe auftragen)		• Beobachtung des Unterrichtsgeschehens • Hilfen bei Schüler, die Schwierigkeiten haben
11.30 -12.15	Sport (2b)	Ballspiele im Freien		• Unterrichten

Besuchte Stunden am

Stunde	Fach	Thema	Lehrer	Eigene Tätigkeiten
8.00 - 8.45	Deutsch (3b)	Wörter mit -ie • Silben klatschen ⇒ Merkregel • Übungen im Arbeitsheft • Ausnahmen		• Beobachtung des Unterrichtsgeschehens
8.45 - 9.30	Mathe (3d)	Lernwerkstatt: Üben am Computer: • Blitzrechnen • Würfel, Quader		• Beobachtung des Unterrichtsgeschehens
9.55 - 10.40	Mathe (2b)	Wiederholung der Quadratzahlen: • Quadrate in passender Größe an Tafel ⇒ Aufgaben dazu finden • Verschiedene Aufgaben zu Tafelzeichnung finden (54 Punkte- 6 Reihen mit 9 Punkten) ⇒ 3x9+3x9 ... • AB fertig rechnen • Mit 2 Würfel mit Zahlen von 1-9 würfeln zwei Kinder, dritter sagt Ergebnis, bis jeder einmal an der Reihe war		• Beobachtung des Unterrichtsgeschehens
10.40 - 11.25	Deutsch (2b)	• Leseprobe gemeinsam verbessern • Diddl werden verteilt		• Beobachtung des Unterrichtsgeschehens

BEI GRIN MACHT SICH IHR WISSEN BEZAHLT

- Wir veröffentlichen Ihre Hausarbeit, Bachelor- und Masterarbeit
- Ihr eigenes eBook und Buch - weltweit in allen wichtigen Shops
- Verdienen Sie an jedem Verkauf

Jetzt bei www.GRIN.com hochladen und kostenlos publizieren